R 25915

Bruxelles
1741

Du Châtelet, Gabrielle-Emilie le Tonnelier de Breteuil Marquise

*Réponse de Madame ***[Du Châtelet] à la lettre que M. de Mairan secrétaire perpétuel de L'Académie des sciences,*

RÉPONSE

DE MADAME ***

A la Lettre que M. De Mairan, Secretaire perpetuel de l'Academie Royale des Sciences, lui a écrite le 18. Fevrier 1741. sur la question des forces vives.

A Bruxelles, chez FOPPENS 1741.

REPONSE

DE MADAME ***

A la Lettre que Mr. de Mairan , Secretaire
perpetuel de l'Academie des Sçiences ,
&c. lui a écrit le 18. Fevrier 1741. fur
la queftion des forces vives. *

 Uelque forme que prenent vos ou-
vrages, Monfieur, j'en ferai tou-
jours un cas infini, ainfi vous ne
devez pas douter de la reconnoif-
fance avec laquelle je reçois l'édition in 12
de vôtre memoire que vous m'envoiez, &
je commence à croire veritablement les inftitutions de Phifique un livre *d'importance* , pag. 3.
depuis qu'elles ont procuré au public la Let- lig. 5.
tre à laquelle je vais repondre, & cette nouvelle édition de vôtre memoire dont vous

---

* Tous les chifres indiqués à la marge renvoient à
la lettre de Mr. de Mairan , à laquelle cette lettre re-
pond.

A

pag. 2. *avez consenti* qu'on l'enrichît, avec les chan-
lig. 3. gemens importans que vous y avez faits, &
dont vous avez la bonté de m'inſtruire.

Si je n'avois craint de manquer à la poli-
teſſe en diférant trop long-tems cette repon-
ſe, je vous aurois demandé quelques éclair-
ciſſemens dont j'avouë que j'aurois beſoin.

Je vous demanderois, par exemple, ce
que vous entendés par *bien lire* un ouvrage,
afin que je puiſſe me garantir à l'avenir du
reproche que vous me faites de n'avoir pas
pag. 3. *bien lû* ni dans ſon *énoncé*, ni dans le *texte*
lig. 19. qui la ſuit, la propoſition de vôtre memoire
20. & dont j'ai pris la liberté de ne pas convenir.
21.

Or juſqu'à ce que vous m'ayés expliqué
ſur cela vôtre penſée, je ſuis obligée d'in-
terpreter à la maniere des Scholiaſtes ce paſſage un peu obſcur, par un autre très-clair
lig. 7. qui ſe lit à la pag. 35. de vôtre lettre, &
je trouve par ce moïen que cela veut dire,
que je n'ai point lu du tout cette propoſition. Voila aſſurement une accuſation des
plus graves, car puiſqu'il ne s'agiſſoit que
pag. 3. de la *bien* lire dans ſon *énoncé* pour en comprendre toute la force, je ſuis bien cou-

pable de n'avoir pas pris cette peine , moi qui ai pris celle de lire le memoire lui-même deux ou trois fois.

Mais je vous avouë à ma confusion, que je ne puis deviner aussi heureusement ce que la jolie histoire de l'Imprimerie Roiale, que *pag. 6.* vous m'aprenés , fait aux forces vives, non plus *que le trône sur lequel on les plaçoit à* *pag. 5.* C . . . . . *a côté des monades*, & je crois que *lig. 15.* Mr. Dacier tout habile Comentateur qu'il étoit , n'auroit pu decouvrir ce que tout cela fait à la question dont il s'agit entre nous.

Je suis dans le même embaras pour sçavoir quel *Constrafte* un *Errata* peut faire *avec* *pag. 6.* *le monde pour lequel je suis née*, s'il y a du *Contrafte* dans tout ceci , il me semble que ce n'est pas dans cet *Errata* qn'il consiste.

Cependant j'entrevois un sens dans lequel cet *Errata* ne sera pas tout a fait inutile ici, car il fournit une preuve sans replique, que si je ne me rens pas aux raisonnemens par lesquels vous combattés les forces vives dans vôtre Lettre, il faut que je n'y voïe pas cette *évidence*, à laquelle vous me faites *pag 5.* *lig. . 8.*

la grace de croire, avec raifon, que je ne me refuferois pas, & que je fuivis, des que je l'eüs trouvée dans l'excelent difcours fur les Loix du mouvement que Mr. Bernouilli prefenta à l'Academie en 1726, mais come la queftion des forces vives n'entroit que tres incidentairement dans mon memoire fur le feu, le hazard fit que je ne lus la differtation de Mr. Bernouilli qu'après avoir envoyé la miene à l'Academie. Et ce fut fur cette lecture, que je fis l'*Errata* dont il s'agit, lequel étoit imprimé, longtems avant que les perfones, auxquelles vous voulés abfolument vous en prendre, vinfent à C. . . . .

Après vous avoir propofé mes doutes, fur les endroits de votre letre qui m'ont paru obfcurs, je vais repondre à ceux, qui, ce me femble, n'ont pas befoin déclairciffe- ment, car je vois tres-clairement, par ex- emple, que mes fentimens Philofophiques pouvoient *marcher* fans que vous y fuffiés *nomément* impliqué, & je me flate qu'ils n'ont point perdu ce privilege.

pag. 7. lig. 15. & 16.

Le Confeil que vous voulés bien me doner *de lire*, & de *relire* votre memoire, me pa- roit encore tres-clair, mais je puis vous affu-

pag. 9. lig. 19. & 20.

rer que plus je le *lis*, & *relis*, & plus je me
confirme dans l'idée ou je fuis, que quelque
fupofition que vous faffiés, une force capa-
ble de fermer 4. refforts feulement, n'en fer-
mera jamais fix.

Mais avant de le prouver de nouveau, je par-
dois répondre à un autre reproche que vous tout,
me faites, & qui n'eft pas moins grave que mais
le premier, c'eft d'avoir tronqué, & défigu- princi-
ré l'endroit de votre memoire que j'examine pale-
dans mon livre. ment
pag. 13
jufqu'à
la 17.

Heureufement, il ni a point de lecteur qui
ne puiffe juger par fes yeux, de la juftice de
ce reproche, en comparant cet endroit tel que
je l'ay abregé dans mon ouvrage, avec les
n°. 38. 39. 40. 41. 42. 43. & 44. de votre
memoire in 4°. dans lequel ils ocupent 6 pages * que je ne pouvois, ni ne voulois
tranfcrire dans mon livre, ainfi vous ne devés
pas exiger que toutes vos paroles s'y trouvent, & vous en convenés vous meme à la
pag. 14. de votre letre, montrés donc fi cela
eft, que votre fens ne s'y trouve pas.

---

* Ils en ocupent 14. dans l'in. 12.

C'eſt aparement ce que vous avez pretendu faire, en articulant ce reproche vague, &
en me demandant dans quel endroit du n°. 33.
de votre memoire, on trouve ce qui eſt marqué par des guillemets à la fin de la pag. 432.
des inſtitutions, car il n'y a aſſurement perſone,
qui en liſant cette interogation, ne croie que
je vous prete dans l'endroit que vous cités,
des ſentimens, & des expreſſions, entierement
opoſées aux votres.

Comme il ne s'agit heureuſement pas ici
de tranſcrire 14 pages, je vais épargner au
Lecteur la peine d'aller chercher cet endroit
dans mon livre, & dans votre memoire, & je
vais lui metre les deux textes ſous les yeux,
afin qu'il juge par lui meme, de l'importance des variations qui s'y trouvent.

Il s'agit dans cet endroit de la comparai-
ſon du mouvement uniforme, & du mouvement retardé.

Inſt. de Phiſique pag: 432.	Mem. de Mr. DeMai-ran n. 33. p. 57. de l'in. 12. & 24. & de l'in. 4°
Mr. De Mairan dit encore numero 33.	*Comme il ne s'enſuit pas de ce que le mouve-*

que de même qu'une force n'est pas infinie parce que le mouvement uniforme qu'elle produiroit dans un espace non resistant ne cesseroit jamais, il ne s'ensuit pas non plus, à la rigueur, que la force motrice de ce même corps en soit plus grande, parce qu'elle dure plus longtems.

ment uniforme d'un corps fini qui a une vitesse finie ne cesse jamais, ou dure toujours, que la force motrice actuelle qui le produit soit infinie, il ne s'ensuit pas non plus à la rigueur, que la force motrice de ce même corps dans le mouvement retardé en soit plus grande, de ce qu'elle doit durer davantage.

Après avoir comparé ces deux textes, avec toute l'exactitude possible pour y decouvrir mes fautes, je trouve entr'autres obmissions considerables, que j'ay oublié de mettre après çes mots, *ne cesse jamais*, ceux-ci qui se trouvent dans votre texte, *ou dure toujours*, & j'avouë que c'est là une infidelité impardonable.

Je pourois pousser cette glose plus loin, mais ce seroit, je crois, abuser de la patience du Lecteur, qui peut juger en conoissance de cause, après cet Exemple, a qui de nous deux il doit s'en prendre, si ce qui est marqué par des guillemets & en italique aux pag. 429. 430. 431. & 432. des institutions, *est defectueux*

pag. 14
lig. 1.
& 2.

pour ne rien dire de pis, ce font les paroles de votre Lettre , car je n'aurois garde affurément de me fervir de ces termes , mais il vous eft permis de faire de votre bien, ce qu'il vous plait.

Come il ne m'apartient pas d'en ufer de même je dois, avant de quitter cette matiere , repondre à ce que vous ajoutés à la pag. 15. de votre lettre, ou vous me reprochés d'avoir fuprimé de l'énoncé de la propofition, que je combats, ces paroles qui la terminent , & qui felon vous l'auroient mife à l'abri de toute critique , *& qui l'auroient été fi la force fe fut toujours foutenuë & n'eut point foufert de diminution ,* mais je demande à tout Lecteur équitable, fi ces mots qui fe trouvent à la fin de l'italique de la page 431. des Inftitutions *par un mouvement uniforme & une force conftante,* ne renferment pas, tout ce que ceux , de la fupreffion defquels vous plaignés , expriment , & s'il y a enfin d'autre difference entre eux que la difference numerique , des mots ? j'étois d'autant plus autorifée à croire, que les mots dont je me fuis fervi renfermoient le même fens, que ceux que j'ai , dites vous , *Suprimés,* que vous avés emploié vous-même deux fois ces mêmes mots , *par un mouvement uniforme , & une*

force conftante, au no. 41. de votre Memoire,
pag. 73. lig. 12. & 74. lig. 8. * & cela pour
exprimer la même chofe precifément, que
ceux de la fupreffion defquels vous vous
plaignés , expriment.

Je fuis d'ailleurs fi éloignée d'avoir voulu fuprimer ces paroles , que je dis encore
à la même pag. 431. lig. 14. ,, Car fi l'on
,, fupofe, avec Mr. de Mairan, que le corps
,, n'auroit confumé *aucune partie de fa force*
,, pour fermer 4 refforts dans la premiere
,, feconde *d'un mouvement uniforme*, je dis
,, que ces refforts ne feront point fermés,
,, ou qu'ils le feront par un autre Agent.

Eft-il poffible après cela que vous m'im-
putiés d'avoir obmis, ce que je refute fi
pofitivement, & ce qui me fourniffoit un fi
beau champ de refutation , car c'eft en cela même que confifte le paralogifme, que
je demêle en cet endroit , & les pag. 431.&
432. des inft. ne font employées qu'à le combatre , coment pouvés vous donc dire
avec quelque bonne foy , *que l'on peut rai-*

---

* Ces mêmes mots font raportés ci-deffous dans le texte de
Mr. de Mairan que j'y ai tranfcrit pag. 16 lig. 17. & 18.
Le Lecteur peut voir par lui-meme s'il ne les a pas employés
dans cet endroit pour exprimer la même chofe que ceux
de la fupreffion defquels il fe plaint.

ſonablement douter que j'euſſe jamais voulu ata-
quer cette Theorie, ſi ces paroles n'euſſent pas été
retranchées de ſon Enoncé. . . . . . . & que ces pa-
roles ne ſe trouvent ni dans les morceaux que je
vous attribuë, ni dans les remarques de ma
part qui les accompagnent.

Je laiſſe au Lecteur à juger de l'équité de ce reproche, & je lui demande ſi ce n'eſt pas moi qui ſuis en droit de croire que vous n'avés pas lu, ou du moins que vous m'avez pas *bien* lu les pag. 431. & 432. des inſtitutions, & ſi je ne puis pas vous dire à mon tour, *liſés*, Monſieur, je vous ſupplie, & *reliſés* cet endroit de mon Livre, & vous verés que ce ne ſont point de ſimples *reſumés* ni les *paroles d'un autre* que j'ai tranſcrit, mais les vôtres mêmes, auxquelles je n'aurois pu en ſubſtituer d'autres, ſans perdre infiniment au change.

Et en effet, je ne puis croire encore que ce ſoit ſerieuſement, que vous apportés pour juſtifier votre propoſition, ce préciſement en quoi, j'ai fait voir que conſiſte ſa fauſſeté, & juſqu'à ce que vous l'aiés défenduë autrement que par ſon propre énoncé, je ſerai en droit de la croire ſufiſament refutée par ce que j'ai dit dans les Inſtitutions de Phiſique.

Il n'eſt pas étonnant après ce que l'on vient de voir que vous n'ayés pas *voulu comprendre* ce que je dis à la pag. 430. des Inſtitutions. Car c'eſt le comencement de l'argument par lequel je refute ce même paſſage que vous me reprochés de n'avoir ni *lu*, ni *raporté*, mais aſſurément c'eſt vous ici qui tronqués des paſſages. Car ſi j'avois dit ſans reſtriction, come vous me l'imputés, *qu'on ne peut, même par voie d'Hipothe-* pag. 11 *ſe, reduire le mouvement retardé en uniforme*, il n'y auroit nulle obſcurité, & il ſeroit très clair que j'aurois dit une grande ſotiſe, mais quand j'ai avancé. à la pag. 430. des Inſt. *Qu'on ne peut même par voie d'Hipotheſe reduire le mouvement retardé en uniforme*, j'avois dit auparavant, *dans les obſtacles ſurmontés, come les deplacemens de matiere, les reſorts fermis &c. on ne peut même par voie d'Hipotheſe* &c. or dites moi, je vous ſuplie, pourquoi vous qui exigés tant d'exactitude, vous en avés ſi peu dans cette ocaſion, & pourquoi vous avés ſuprimé, non ſeulement ces mots, car ce ſeroit peu de choſe, mais le ſens qu'ils renferment, & qui fait voir clairement que je n'ai point dit, qu'on ne peut *jamais* reduire

par Hipothefe le mouvement retardé en
uniforme , mais que dans le cas que vous
fupofés dans votre Memoire, cela eft impoffible , & cela le fera effectivement toujours,
car on ne peut reduire par Hipothefe, le
mouvement retardé en uniforme, fans faire
abftraction des obftacles que le Corps en
mouvement rencontre (come ont fait Gali-
lée ,& tous ceux qui fe font fervis de cette
fupofition ,) or coment pouvés-vous faire
abftraction de ces obftacles , puifque vous
les fupofés furmontés dans l'endroit de votre Memoire dont il s'agit, & qu'il n'y eft
queftion même que d'eftimer la force qui
les furmonte, & tout ce que vous dites aux
pag. 9. & 10. de votre Letre n'eft que cette même idée retournée , mais toujours defe-
ctueufe , *que l'on peut fupofer la force conftante & uniforme, quoi qu'elle faffe furmonter au
corps en mouvement les obftacles qu'il rencontre ,
de même que l'on peut fupofer le Mouvement
uniforme dans un efpace non refiftant , & qu'enfin, l'on peut tirer de cette fupofition l'eftimation
de la force des corps, en raifon des obftacles non
furmontés.*

Mais permettés moi de vous faire une
comparaifon , dont je ferai bientôt fentir la

verité, *ridendo dicere verum, quid vetat?* fu-
pofons donc , qu'un home eut 40 mille
frans. Certainement il auroit l'argent neceffaire pour acheter 4 diamans de 10 mille
frans chacun. Pouriés vous dire que cet
home auroit pu acheter 6 diamans de ce meme prix, au lieu de 4, fupofé que fon argent
ne fe fut point épuifé en payant ces 4 diamans? & lorfqu'on repondroit à cette fupofition, que fi cet home n'avoit pas dé-
penfé fon argent , il n'auroit point payé
ces 4 diamans, mais que, come il les a
réellement payés, il ne lui refte rien pour
en acheter 2 autres; feriés vous reçu à dire
que cet home n'avoit donc que 20 mille
frans , parceque les 2 diamans non achetés ne fe montent qu'à 20 mille frans, &
que ce font ces 2 diamans non achetés qui
ont épuifé fon argent , & qui en font la
mefure, & non pas les 4 diamans qu'il a a-
chetés ? certainement il n'y a perfone qui ne
vous repondit, (*fi l'on vous repondoit*) que pag 22 lig 10. & 11.
pour acheter 6 diamans de 10 mille frans
chacun , il auroit fallu que cet home eut
60 mille frans au lieu de 40, & qu'avec les
40 mille frans qu'il avoit , il ne pouvoit en
acheter que 4 , & jamais 6 , je me flat-

te que le Lecteur fera fans peine l'aplication de cette comparaifon dans la fuite.

Venons à prefent à des chofes plus ferieufes, & examinons encore par les regles de la plus fevere logique cette propofition, *qu'on doit eftimer la force des Corps par les effets qu'ils ne font point*, & voyons enfin fi les forces vives pourront fe relever de ce coup fi rude que Mr. Deidier pretend que vous leur avés porté, par cette nouvelle façon de les évaluër.

Je me fervirai de l'exemple que vous apportés aux no. 40. & 41. de votre memoire pag. 71. de l'in 12., 30. & 31. de l'in 4o. (Car je fuis bien aife de vous faire voir que je les ay ici tous deux,) je me fers de l'exemple que vous aportés dans cet endroit, parceque vous y entrés dans un plus grand détail que dans votre lettre.

Voicy votre propofition num. 40., car il faut être exacte, & je raporterai vos propres mots.

Ce qui vient d'être dit des efpaces non parcourus n'a pas moins lieu à l'égard de tous les autres effets du mouvement, & du choc, comme il a été remarqué ci-deffus num. 27. par

*rapport aux espaces parcourus, & nous dirons
de même, 1°. que ce ne sont point les parties
de matiere déplacées ni les ressorts tendus ou
aplatis qui donnent l'estimation ou la mesure
de la force motrice, mais les parties de matiere non deplacées, les ressorts non tendus, ou non
aplatis, & qui l'auroient été, si la force motrice se fut toujours soutenuë & n'eut point
souffert de diminution, 2°. que ces parties de
matiere non deplacées sont en raison &c. Comme n°. 38.*

Voici à présent votre preuve de cette
proposition, telle qu'elle se trouve n°. 41.

*Pour en donner un exemple, soyent des im-
pulsions, des obstacles, ou des resistances quelconques uniformement placées sur le chemin du
mobile A. telles que des particules de matiere à
déplacer, ou des lames de ressort à soulever, ou à
tendre, il est evident, que si le mobile A. avec un
degré de vitesse & de force peut en soulever
deux en un instant par un mouvement uniforme, c'est à dire en conservant, ou en reprenant toujours toute sa force, & toute sa vitesse
aprés avoir soulevé la premiere, & qu'au contraire, il n'en puisse soulever qu'une par un
mouvement retardé, toute sa force, & toute*

sa viteſſe s'étant conſumée à ſoulever la pre-
miere, il eſt dis-je évident, par tout ce que j'ay
dit cy deſſus no. 28. (car vous voyés que je
n'obmets rien,) que le mobile A. ayant 2 de
force, & autant de viteſſe ſouleveroit 4 de ces
lames de reſſort en un inſtant par un mouve-
ment uniforme, mais il perd dans cet inſtant
& en tendant les premiers reſſorts un degré de
ſa force, & un degré de ſa viteſſe, & un
degré de force & de viteſſe perduë, donc par
hipotheſe no. 27. une lame de moins de ſoulevée,
donc il n'en ſoulevera que 3, au premier inſtant,
& il s'en faudra la lame 4 qu'il ne faſſe ce
qu'il auroit fait, s'il n'eut rien perdu; cepen-
dant, come il lui reſte encore un degré de force
& de viteſſe, qui lui feroit ſoulever 2 lames
en un ſecond inſtant, ſi ſon mouvement de-
meuroit uniforme, & ſa force conſtante, il
doit continuer de ſe mouvoir, & d'agir contre
les reſiſtances qui s'opoſent à ſon mouvement,
mais au lieu de deux, il n'en doit ſurmonter
qu'une ou ſoulever une lame, à cauſe que ſon
mouvement y eſt retardé, & ſa force totale-
ment éteinte, ce qui fera en tout, 4 lames ſou-
levées en vertu de 2 degrés de force & de l'a-
Ětion totale qui a duré 2 inſtans, ſavoir 4 reſ-
ſorts moins un, égale 3, au premier inſtant &
2 reſſorts moins un, égale I. au ſecond, &

*l'on voit bien que ce fera toujours la même
chofe fi au lieu de fupofer 2 degrés de viteffe,
& 2 inftans, on en fupofe 3. 4. &c. & que
le mobile deplacera 6 ou 8 reforts par un mouvement uniforme, & une force conftante, &
feulement 6 moins un, ou 8 moins un, par un
mouvement retardé & une force décroiffante
dans le premier inftant, & ainfi de fuite.*

Je me flate que vous êtes content de
mon exactitude, je vais tacher à préfent
que vous le foyés de ma reponfe.

Je remarque donc premierement, que
vous dites bien expreffément, que le
Corps A qui a un de viteffe & un de force qu'il confume en foulevant une lame
dans le premier inftant, reprend toute fa
force & toute fa viteffe pour foulever encore une feconde lame dans ce premier inftant, d'où je conclus que felon vous même, ces deux lames n'ont pas été foulevées
par 1 de force uniforme & conftante, car
cela eft impoffible, & ne forme aucun fens,
mais qu'elles ont été foulevées dans le premier inftant par deux de force, favoir, un de
force que le Corps avoit en commencant
à fe mouvoir, & que vous convenés qu'il

B

a confumé en foulevant la premiere lame,
plus un de force que vous lui faites re-
prendre pour foulever la feconde lame, ce
qui fait les deux lames que vous fupofés
qu'il fouleve d'un mouvement uniforme dans
le premier inftant, or il ni a rien là que de
très poffible, & il faudroit, come dit Mr.
Deidier, être de bien mechante humeur pour
vous le contefter, mais je ne vois pas que
cela prouve autre chofe, finon, que pour
foulever 2 lames égales il faut 2 degrés de
force égaux, ce que perfone n'avoit encore
nié, mais vous n'en pourés jamais rien conclure pour la mefure de la force de ce Corps
A. qui a comencé à fe mouvoir avec un de
viteffe, & un de force.

Il en eft de meme de l'autre cas dans lequel vous donnés 2 de viteffe au Corps A,
car les 4 lames que vous fupofés qu'il fou-
leveroit, *par un mouvement uniforme & u-
ne force conftante*, dans le premier inftant,
ne pourront jamais être foulevées, meme
par hipothefe, qu'en confumant les 2 degrés de viteffe & toute la force qu'il avoit
en comencant à fe mouvoir, je dis qu'elles ne le peuvent pas etre fans cela, meme
par hipothefe, car il ne vous eft pas per-

mis de fupofer en même tems, que ces lames
feroient foulevées, & qu'elles ne feroient pas
foulevées, & c'eft cependant ce que vous
fupoferiés, fi vous difiés, que le corps A.
auroit foulevé 4 lames dans le premier inftant,
d'un mouvement uniforme, & que vous ne
vouluffiés pas convenir, en même tems, qu'il
auroit confumé en les foulevant, la force
neceffaire pour les foulever. Or vous avés
dit ci-deffus qu'il faut 2. degrés de force à ^{pag. 15}
un corps pour foulever 2 lames, donc ^{de cette Letre.}
felon vous-même il faut 4 de force pour
foulever 4. lames, foit que vous apeliés cette
force *une force conftante*, foit que vous lui
doniés un autre nom, donc ce corps qui
avoit en començant à fe mouvoir 2 de vi-
teffe en vertu defquels il pouvoit, dites- ^{pag. 16}
vous, foulever 4. lames, n'aura plus rien ^{de cette Letre.}
dans le fecond inftant fi vous lui faites foule-
ver par hipothefe ces 4 lames dans le premier.

Mais come il n'en fouleve réellement que
3 dans ce premier inftant, il lui refte dans
le fecond inftant un degré de force & un
degré de viteffe avec lefquels il devroit, di-
tes-vous, foulever 2 lames * *par un mouvement
uniforme, & une force conftante*, c'eft-à-dire,

---

* Selon la définition que M. de Mairan a doné des
mots, *de force conftante*, dans le texte qu'on a raporté de lui à la pag. 15 de cette Letre lig. 22. & 23.

en reprenant pour foulever la feconde lame,
fa force, qu'il aura confumée à foulever la
premiere , donc ce corps auroit eu, felon
vous-même, 6 de force pour foulever 6 lames,
d'un mouvement uniforme, favoir 4 lames dans le
premier inftant , & 2 dans le fecond , ce
qu'il vous eft affurement fort permis de fupofer , mais je ne vois pas ce que deviennent
vos 2 lames non foulevées, que vous pretendés être la mefure de la force de ce corps.
Car de fupofer que ce corps, a eu 6 de force pour foulever 6 lames en 2 inftans , cela ne peut fervir en aucune façon à mefurer
la force réelle qu'il a eu en començant à fe
mouvoir avec 2 degrés de viteffe. Or il eft
clair cependant , qu'il faut que vous fupofiés , ou que ce corps auroit renouvelé fa
force pour foulever 6 lames en 2 inftans,
auquel cas ce n'eft plus fa force réelle que
vous evalués , mais une force nouvelle dont
vous ne pouvés rien conclure , ou bien fi
vous voulés tirer de cet exemple la mefure
de la force réelle de ce corps, par la comparaifon de ce qu'il fait d'un mouvement retardé , à ce qu'il auroit fait d'un mouvement uniforme , il faut abfolument que vous
fupofiés, que c'eft avec la même force, avec
laquelle il a commencé à fe mouvoir, qu'il
auroit foulevé 6 lames au lieu de 4, fi cette
force ne fe fut point confumée , c'eft-à-dire,

s'il ne les avoit pas foulevées, ce qui eſt viſiblement ſupoſer en meme tems les contradictoires, & juſqu'à ce que vous ayés repondu avec preciſion à ce dilemme, j'aurai eu raiſon de dire, come j'ay l'honneur de vous le *redire* ici, qu'il eſt auſſi impoſſible qu'un Corps, par la meme force qui lui fait fermer 3 reſſorts dans le premier inſtant, & un dans le ſecond, par un mouvement retardé, en ferme 4 dans le premier inſtant & 2 dans le ſecond, par un mouvement uniforme, qu'il eſt impoſſible que 2 & 2 faſſent 6, à moins qu'on ne vous acorde la permiſſion de ſupoſer en meme tems, que des reſſorts ſont fermés, & qu'ils ne ſont pas fermés.

Or come vous avés fait le raiſonement que contient votre n°. 41., pour prouver cette propoſition, que vous aviés avancée au n°. 40. *que la meſure de la force motrice n'eſt pas les reſſorts fermés, ni les obſtacles derangés, mais les obſtacles non derangés & les reſſorts non fermés, & qui l'auroient été par une force conſtante*, il faut abſolument, ou que vous conveniés que ce raiſonement ne prouve *rien du tout*, je dis exactement *rien*, dans toute la force de cette expreſſion, ou

B 3

bien que vous conveniés qu'il renferme une
contradiction auffi palpable que de fupofer que 2 & 2 font 4 & 6 en meme tems,
or je laiffe à conclure ce qu'il prouveroit
alors.

Et ne penfés pas que j'aye choifi l'exemple des lames de reffort foulevées, ou apla-
ties, plutoft que celui des obftacles de la
pefanteur, furmontés par un Corps qui remonte, parceque ce Cas de la pefanteur
furmontée vous eft plus favorable que l'autre; come vous paroiffés le croire à la pag.
38 de votre letre, je ne fais pas à la verité fur quelle raifon, fi ce n'eft, peut-etre,
fur ce que vous avés dit à la pag. 76. de
votre memoire in 12, que le Corps qui remonte, ne perd pas fa force *à parcourir* les
Efpaces dans lefquels il remonte, mais qu'il la
perd *en les parcourant*, ce qui eft affurement
une diftinction bien fine,

Cependant vous aviés dit au nº. 27. de ce
meme memoire pag. 45. & 46 de l'in. 12.
que l'on peut toujours imaginer que les impul-
fions de la pefanteur étant reünies au comen-
cement ou à la fin de chaque efpace infiniment
petit, parcouru par le mobile qui remonte, font

sur ce mobile le même effet que si , toute pe-
santeur ôtée, il y avoit à chacun de ces points
des particules egales de matiere à déplacer, ou
de petites lames de ressort à soulever, ou à
tendre &c.

Me voilà par conséquent autorisée par
vous même, à considerer ainsi les impulsions
de la pesanteur, voions donc si cet exemple
sur lequel, *vous avés tant insisté*, vous fera _{pag. 28}
plus favorable que le precedent, je dis donc, _{lig. 19.}
qu'il faut necessairement , lorsque vous exa-
minés ce que fera un corps qui comence à
remonter avec la vitesse 2. , par exemple,
que vous fassiés abstraction des obstacles
de la pesanteur , ou que vous n'en fassiés
pas abstraction , il n'y a pas un troisiéme
parti à prendre, or il est évident, de cette
évidence que tout le monde peut saisir , que
si vous laissés ces obstacles , le corps avec
la vitesse 2. ne montera jamais qu'à la hau-
teur 4. , à moins que vous ne suposiés, que
ce corps reprend sa force après chaque espace
parcouru , à quoi j'ai repondu suffisament
dans l'exemple des lames de ressort soulevées,
& que si vous ôtés ces obstacles , il n'y a plus
alors de calcul à faire de la force qui les

furmonte , ni des pertes de force que ce
Corps a fait en les furmontant.

Car l'efpace vuide d'obftacles que ce corps
auroit parcouru dans cette fupofition , n'auroit confumé ni fa force , ni fa viteffe , ce
n'eft donc pas ce qu'il n'a point fait , qui
doit être la mefure de fes pertes , puifque
ce qu'il auroit fait d'un mouvement uniforme , ne lui auroit rien fait perdre. Ainfi
les effets produits , dans le mouvement
uniforme , & dans le mouvement retardé , font d'un genre different & ne peuvent fe comparer , puifque l'effet du premier
n'eft que l'efpace parcouru fans aucun obftacle derangé dans cet efpace ; & que celui du fecond confifte dans le deplacement
de ces obftacles , je ne craindrai donc point
d'affurer que dans tous les cas *poffibles*, la
force des Corps doit être évaluée par les
obftacles qu'ils furmontent , de quelque nature qu'ils puiffent être , & qu'on ne peut
fubftituer aux pertes réelles qu'ils font en
les furmontant , les pertes imagimires que
vous leur faites faire en ne les furmontant
pas , fans fupofer en même tems les contradictoires , & qu'enfin , fupofé même
qu'il fut poffible que les experiences nous

fiſſent illuſion , & que la force des Corps
ne fut que le produit de leur maſſe par leur
ſimple viteſſe , je dis que dans ce cas même , votre ſuppoſition , & la concluſion
que vous en avés tirée ſeroient toujours
fauſſes , car ce qui implique contradiction
ne peut jamais devenir vrai.

Cependant malgré toutes ces preuves ,
vous me dites encore à la pag. 12. de votre letre, que je ne puis vous paſſer cette
concluſion, *qu'on doit eſtimer la force des corps
par les obſtacles qu'ils ne ſurmontent point , &
qu'ils auroient ſurmonté par une force conſtante,*
mais que je ne la *refute nulement* , dites moi ^{pag. 12}
donc ce que c'eſt que *refuter*, ſi ce n'eſt pas ^{lig. 17.}
demontrer, que ce que l'on *refute* implique
contradiction ? mais c'eſt peut être cela
que vous entendés, quand vous me dites pa-
ge 16. de votre Letre, que c'eſt un *peu ca-* ^{lign.}
valierement que j'ai *pretendu* vous refuter. ^{derniere & avant dernie-re.}

Il eſt vrai que j'aurois pu , & que je
pourois encore faire une refutation plus am-
ple de votre Memoire, mais come la propoſition que j'ai combatuë, ſert de baſe a
preſque tous les raiſonemens qu'il contient,
je crois qu'il ſuffit d'avoir ſapé cette baſe

pour faire crouler tout l'édifice , je vais donc à préfent me defendre à mon tour , & voir fi je pourai fauver les preuves, que j'ai aportées dans mon ouvrage en faveur des forces vives , des coups que vous pretendés leur porter dans votre Letre.

<table>
<tr><td>pag. 17
jufqu'à
la 31.</td><td>Vous commencés par ataquer un argument tiré du choc des corps que j'ai raporté d'après M. Herman ; pour celui-ci vous ne m'acufés pas de l'avoir défiguré , ainfi c'eft M. Herman , que vous ataqués pour le fons des chofes , & je n'y fuis que pour les louanges que j'ai données à cet argument , & que vous trouvés auffi ridicu-</td></tr>
<tr><td>pag. 17
& 18.</td><td>les , que l'argument même.</td></tr>
</table>

Mais je fuis tentée de croire que tout ceci n'eft qu'une plaifanterie, car coment peut-on penfer que ce foit ferieufement que vous acufiés un auffi grand Geometre que

<table>
<tr><td>pag. 19
& 20.</td><td>M. Herman , *de confondre le double d'une quantité avec fon quaré, & d'ignorer, que quoique le quaré de 2. foit 4. celui de 3. n'eft pas* 6. En verité ne feroit-ce pas M. Herman</td></tr>
<tr><td>pag. 20
lig. 10.
& 11.</td><td>*qui ne fe doneroit pas la peine de repondre ,* à une telle allegation.</td></tr>
</table>

Mais je ne dois pas être fi difficile, ainfi puifque vous me forcés par tout ce que vous ajoutés, de prendre ce que vous dites fur cela pour un raifonement ferieux, je vais y repondre, & vous faire voir que ce cas propofé par M. Herman, n'eft ni *particulier*, ni *fortuit*, ni *équivoque*. pag. 20 lig. 8.

Pour le prouver, je reprens volontiers avec vous les 3 boules A, B, C, & je ne veux pas me fervir d'un autre exemple que de celui que vous me demandés vous même; donons donc 4 de vitefe à la boule A. Il eft certain qu'elle donera, come vous le dites, à la boule triple B, 2 de vitefle, or, dites vous, 2 de vitefle par 3 de mafle donent 6 de force, mais affurément quelqu'envie que j'aye de vous *convaincre*, je ne puis me *preter* ici à votre maniere de compter, 2 de vitefle par 3 de mafle font felon mon compte 12 de force & non pas 6, & cela, parceque le quaré de 2 eft 4 & que le produit de 4 par 3 eft 12 & non pas 6. (car vous voyés que *j'y prens bien garde*) pag. 20 lig. 13. pag 20 lig. 20. pag. 21 lig. 19. pag. 23 lig. 2.

Le Corps A. qui rejaillit avec 2 de vitefle & dont la mafle eft I, a felon ce me-

me compte, 4 de force, 12 & 4 font 16
donc la force après le choc fera 16, c'eſt à
dire come le quaré de la viteſſe du Corps
choquant A. qui étoit 4, dont le quaré 16,
multiplié par la maſſe de ce Corps qui eſt
1 ; donc 16 de force, vous voiés donc que
pag. 20 ce cas que vous avés choiſi pour refuter celui de M. Herman, le confirme, & quel-
que viteſſe ou quelque maſſe qu'il vous plai-
ſe de doner à ces Corps , vous trouverés
toujours leur force après le choc, come le
quaré de la viteſſe du corps choquant multiplié par ſa maſſe , ainſi cet exemple de M.
pag. 22
lig. 18. Herman, n'eſt point *particulier*, mais ge-
pag 24
lig. 6. neral, & ce n'eſt point en tant que *double*
de ſa premiere puiſſance, que 2 de vitef-
ſe done le nombre 4 dans cet exemple,
pag. 22
lig. 20. mais *come la ſeconde puiſance ou ſon quaré*, ne
pag. 24
lig. 6. vous metés donc point en depenſe *d'infinis*
pour *parier* , car vous voiés que je ne ſe-
pag. 22
lig. 12. rai point *reduite* , come vous le craignés, à
faire deformais la force des Corps, come la
fome des maſſes , multipliée par le double
de la viteſſe ,

Mais voions à quoi vous êtes reduit vous
meme , pour trouver que dans cet exemple
la force comuniquée par le Corps A. n'eſt

qu'en raiſon de ſa ſimple viteſſe multipliée
par ſa maſſe, car le Corps triple B, auquel le Corps A. a doné 2 de viteſſe, à,
de votre aveu meme, 6 de force, en voila   pag. 21
deja plus que le Corps A n'en avoit, puiſ-   lig. 8.
qu'il n'avoit que 4 de viteſſe, Et 1 de maſſe, & par conſequent 4 de force, ſuivant
votre compte,

Mais ce n'eſt pas tout encore, car le
Corps A. qui avec 4 de force, en a communiqué 6 au Corps B, en a gardé 2 pour
lui, ſelon vous meme, ce qui eſt encore   pag. 21
un ſurcroit d'embaras.

Mais vous vous en tirés à merveille, en
nous aprenant que la force du Corps A.   pag. 25
n'eſt qu'une force *negative*, & en la ſouſ-   lig. 15.
traiant, *ſelon toutes les regles de l'algebre*, de   22.23.
la force *poſitive* du Corps B,   & 24.

En verité c'eſt une choſe admirable, que
la facilité avec laquelle, cette petite *bare*,   pag. 21
que vous avés mis devant l'expreſſion de la   lig. 15.
force du Corps A, vous a debaraſſé de ces
8 de force, que votre calcul meme vous
donoit après le choc, au lieu de 4 que
vous lui demandiés, mais dites moi je vous

ſuplic, ſi ce ſigne *moins*, & cette ſou-
ſtraction ont oté aux Corps A & B,
quelque partie de leur force, & ſi les
effets que feront ces Corps ſur des obſtacles quelconques, en feront moindres, c'eſt
aſſurément ce que vous ne penſés pas, &
je ne crois pas que vous en voulufiés faire l'experience, ni vous trouver dans le
chemin d'un Corps qui rejailliroit affecté
de ce ſigne *moins*, avec 500 ou 1000 de force,

Je vous avouë donc, tout ſerieuſement,
(car c'eſt malgré moi, & ſeulement pour
vous ſuivre, que je m'eloigne quelquefois
dans cette lettre, de ce ſtile ſevere, que je
crois être le ſeul qui conviene aux matie-
res philoſophiques) je vous avouë, dis-
je, que je ne vois pas de quoi ce ſigne
moins vous avance, & coment vous pouvés en conclure, qu'il n'y a *veritablement*
dans ces exemples que 2 ou 4 de force,
après, come avant le choc, en ne con-
fiderant que le tranſport de matiere de meme part, car aucun de ceux qui ſoutienent
les forces en raiſon du quaré n'a dit, ce
me ſemble, que ces forces dûſſent ſe re-
trouver après le choc dans une meme di-

rection, & en effet, puisque ces Corps a-
près le choc ont *réellement* des forces pro-.
portionelles à ce quaré, & qu'ils peuvent
comuniquer & exercer cette force, il me pa-
roit qu'il importe fort peu à son existence
que ce soit à droit, ou à gauche qu'elle
existe, ainsi de *quelque coté* que vous vous
tourniés , il y aura toujours selon votre
compte dans cet exemple, 4 de force avant
le choc, & 8 de force après, ce qui est un
peu embarasant,

Quant à ce que vous dites ici, *que le
ressort est une vraie machine dans la nature,
dont les effets doivent être évalués, como ceux* pag. 26
*des machines ordinaires &c. & que si l'on peut
somer como positif , ce que les effets du choc des
Corps a ressort donent en sens contraire , il ne
faut nulement atribuer au Corps choquant la* pag. 27
*nouvele force qui semble en resulter dans la na-
ture, mais à un principe Etranger de force &c.*
Ce sont des questions que j'espere que vous
aprofondirés quelque jour, mais il me semble qu'il est inutile de les examiner, avant
que vous ayés pris la peine d'établir sur
quelque preuve, ce que vous avancés dans
cet endroit.

Je vous avouë que je ne conçois pas ce
que vous dites *fomairement* pag. 25. *que les*
Corps dont il s'agit dans l'experience de Mr.
Herman , font fupofés fe mouvoir d'un mouve-
ment uniforme, avant & après le choc, & que
par confequent les forces vives n'y peuvent avoir
lieu , car l'on ne confidere dans cette experience que l'efet produit par le corps A ,
or certainement ce corps A qui a perdu toute fa viteffe, & toüte fa force en choquant
les corps B & C ne s'eft pas mu d'un mouvement uniforme, & à l'égard des corps
B & C, on ne confidere pas ce qu'ils
font , mais ce qu'ils peuvent faire, or
dans l'experience de Mr. Herman ils ont
à eux deux la force 4, toujours prete à fe
deployer contre le premier obftacle que vous
leur prefenterez.

Mais je ne dois pas oublier qu'il me refte
à vous prouver, que ce cas propofé, par
Mr. Herman, n'eft ni *fortuit ,* ni *équivo-*
que.

Mr. Herman n'étoit pas home à choifir
fes exemples au *hazard ,* car c'eft tout ce
que veut dire ici, le mot de *fortuit ,* or il
eft aifé de voir , que la raifon qui a deter-
miné

[33]

miné Mr. Herman à choifir parmi tous les cas poffibles, que je vous ai fait voir qui prouvent également fon opinion, celui qu'il a propofé ; c'eft que ce cas eft le feul dans lequel les adverfaires des forces vives foyent obligés de convenir, que même felon leur compte, les forces communiquées font en raifon du quaré des viteffes du corps choquant, parce qu'il n'y a que l'unité qui foit égale à fon quaré. Ce cas n'eft donc, ni *fortuit*, ni *particulier*, ni *équivoque*, mais il eft *general*, *choifi avec raifon fufifante*, & *decifif*, car Mr. pag. 20 lig. 8. Herman étoit en droit d'efperer que l'on conviendroit que le corps choquant A avec la viteffe 2. avoit la force 4, puis qu'il faifoit voir dans un cas non contefté, ou du moins non conteftable, qu'il avoit comuniqué cette force.

Mais de plus, le Corps A perd fa force par le choc dans ce même exemple, dans la même proportion qu'un corps qui remonte avec 2 de viteffe perd la fiene par les coups de la pefanteur, come je l'ay remarqué à la pag. 436. des inftitutions, & c'eft encore une des raifons qui ont engagé Mr. Herman à fe fervir de cet exemple, & à y introduire le Corps C, que vous apelés un

C

intrus , quoique vous ayés cependant reconu vous même, qu'il étoit neceſſaire de l'introduire dans cette experience, afin que ce qui s'y paſſe, fut analogue à ce qui arive dans les eſpaces parcourus par un Corps qui remonte d'un mouvement que les coups de la peſanteur retardent.

Ce n'eſt point non plus ſans *neceſſité* que je dis pag. 436. & 437. des inſt. après avoir raporté cette experience de Mr. Herman, *que quoi qu'elle reponde à ce que l'on a allegué contre la plupart des autres experiences qui prouvent les forces vives , cependant la difficulté du tems y reſte encore ,* car il me ſemble que j'explique aſſez clairement dans la ſuite de la pag. 434. coment cette difficulté y reſte, & en quoi elle conſiſte , pour que vous ne ſoiés pas en droit de me dire come vous faites , *que ſi la dificulté du tems entre dans cette experience , c'eſt à d'autres égards , & nulement de la façon dont j'ay cru le devoir craindre,* car j'ay dit bien expreſſement à cette pag. 434. lig. 12. & ſuiv. *que cette experience ne pouvoit ſatisfaire entierement les adverſaires, parce qu'ils demandoient un cas , dans lequel , un Corps avec une double viteſſe , fit un effet quadruple , dans le même tems , dans lequel un autre Corps, avec une vitesse simple, produit un effet simple.*

Or dans l'experience de M. Herman, si le Corps A. a comuniqué toute sa force aux Corps B & C, il aura bien produit l'effet quadruple, mais il ne l'aura produit qu'en un tems double, & s'il n'a communiqué qu'une partie de sa force au Corps B, & qu'il n'ait point rencontré le Corps C, il n'aura point produit l'effet quadruple demandé,

Je n'ai donc point *jugé à propos de prevenir* une objection, qu'on *ne devoit point me faire*, mais j'ay repondu à l'objection, que M. Papin avoit fait autrefois à M. de Leibnits, & que M. Jurin a renouvellée depuis peu. pag. 30 lig. 18. & 20.

Reprenés donc votre *étonement*, Monsieur, car il n'est point du tout *surprenant,* que j'aye cherché à repondre à cette objection, qui étoit la seule qu'une experience incontestable n'eut pas encore detruite. pag. 27 lig. 18. 21. & 22.

Voilà pour quoi j'ai raporté à la page 438 des institutions, un cas que l'on a trouvé, & par lequel on satisfait entierement à la demande des adverſaires, puiſqu'il y a dans cet exemple come dans celui de M. Herman, 4 degrés de force produits par 2 de viteſſe, & cela ſelon votre maniere de comp‑ter, (car ce quarré eſt un ennemi que vous retrouvés par tout.) Mais cette ex‑perience a par deſſus celle de M. Herman, l'avantage, que l'effet quadruple y eſt pro‑duit *in uno iêtu*, come on l'avoit toujours demandé en vain, ce qui fait évanoüir en‑tierement la dificulté du tems, car ce n'eſt pas un effet produit en un inſtant indiviſi‑ble, & dans lequel le tems n'entrat pas *pour quelque choſe*, que l'on avoit demandé, puis qu'il n'y a aucun effet qui s'opere ainſi dans la nature, ou tout ſe fait ſucceſſivement; ainſi le tems *entre*, & *entrera* toujours, dans tous les effets naturels, tant dans ceux qui prouvent les forces vives, que dans ceux par leſquels on a prétendu les combatre, mais on avoit demandé un effet quadruple, produit par une viteſſe double, dans le mê‑me tems qu'une viteſſe ſimple produit un effet ſimple, & c'eſt ce que l'on trouve dans le cas dont il s'agit.

Je ne ſçai ce que Mr. Jurin repondra à cette experience, qui ſatisfait, je croy, à

l'espece de dèfi que cet excelent Philosophe
a fait aux partisans des forces vives ; mais je
sçai bien que *quelques incompetences* qu'il decou-
vre dans mon ouvrage, sa reponse, s'il en
fait une, sera remplie de cette sagacité &
de cette profondeur qui caracterisent tout
ce qu'il fait, car persone ne rend plus de
justice que moi au merite de Mr. Jurin,
quoique je sois dans des sentimens fort dif-
ferens des siens ; mais qui peut mieux prouver que vous, Monsieur, que mon assentiment
n'est le prix que de la verité, & qu'en fait
de philosophie l'estime la plus extreme, ne
peut rien sur moi sans la conviction, car
quoique je n'aye jamais été en comerce avec
vous, avant que les institutions de Phisique
ayent paru, c'étoit affés d'avoir lu vos Ouvrages, pour conoitre votre merite.

    Cette estime que je fais profession d'avoir
pour vous, Monsieur, me porteroit volontiers à la *transaction* que vous me propo-
sés sur ce qui arrive dans la pesanteur,
si je pouvois deviner le sens de cette
proposition ; mais je ne crois pas avoir dit
nulle part que les forces vives ne se trouvent
pas dans l'exemple d'un corps qui remonte
ou qui descend, & dont le mouvement n'est

pag. 36
lig. 17.

pag. 41
lig 9.
& fuiv.

retardé ou acceleré que par les impulſions
de la peſanteur , & je ne ſçais pas pourquoi vous vous *diſſimulez* à vous même que
c'eſt de cet exemple , que j'ay tiré ma
premiere preuve en faveur des forces vives,
page 511. des inſtitutions.   Je ne pouvois
aſſurément m'atendre après cela, que vous
me reprochaſſiés de ne vouloir pas les prouver par *ce Cas* , dites vous , *ſi ſimple* , &
qui ne l'eſt peut-être pas tant.

Cependant on croiroit, par tout ce que
vous dites dans cet endroit,que l'exemple d'un
Corps qui remonte , ou qui deſcend , &
dont le mouvement n'eſt retardé, ou acceleré que par les impulſions de la peſanteur , eſt un cas abandoné ; dans lequel
ceux qui ſoutienent les forces vives , ſont
obligés de convenir qu'on ne les trouve
pas, mais il me ſemble cependant qu'aucun
d'eux n'en eſt encore convenu.

Il eſt vrai que Mr. Bernoulli a dit, que
cet exemple que Mr. de Leibnits avoit
propoſé, ne lui paroiſſoit pas aſſez convain-
cant, & il l'a confirmé par une infinité de
demonſtrations , telles qu'il les fait faire ;
mais ce qui a confirmé cet exemple, l'a t'il

détruit ? ce feroit affurement la proceder
dans fes raifonemens *par une methode entie-*
rement opofée à celle que la bone Philofophie pag. 37
nous dicte.

C'eft ce me femble avec quelque raifon,
que les Leibnitiens difent, non pas fimple-
ment, come vous le pretendés, *que le tems* pag. 37
n'eft rien, car cela n'auroit aucun fens; mais lig. 4.
que pour faire un effet quadruple, il faut
avoir une force quadruple, quel que foit le
le tems dans lequel cet effet s'opere; &
quand pour répondre à l'objection qu'on
leur fait, que ces effets quadruples, s'ope-
rent dans un tems double, ils aportent des
exemples dans lefquels l'effet quadruple eft
produit dans un tems fimple, ce n'eft pas
qu'en effet la force en fut moins quadruple, fupofé qu'il ne fe trouvat aucun effet quadruple
operé dans un tems fimple; car ces effets quadruples n'en font pas moins produits, & ils ne
l'ont pas été fans force, puifqu'il n'y a point
d'effet fans caufe, mais on aporte ces exemples
pour convaincre les adverfaires par leurs propres principes, & pour les forcer de conclure, que lorfque l'effet quadruple eft produit dans un tems double, ce n'eft point à
caufe de ce tems double que l'effet qua-

druple a été produit, mais parce que le corps qui l'a operé avoit une force quadruple, & alors on peut mettre à l'ocasion de la difficulté du tems, cette parenthese, *si f'en est une;* car cette parenthese, que vous me reprochés, ne veut dire autre chose, sinon que, soit que le tems soit double, soit qu'il ne le soit pas, les effets étant toujours quadruples, la force qui les produit le doit être, & qu'enfin ce raisonement, *cum hoc, ergo propter hoc* n'a pas plus de justesse, & ne doit pas avoir plus de poids ici, qu'ailleurs.

pag. 37 lig. premiere.

Vous me repetés encore ici, Monsieur, *que je n'ai point lu votre Mémoire;* & à force de me le dire, je crains qu'à la fin vous ne me le persuadiés, je viens donc encore de le *relire,* afin d'être bien assurée de l'avoir lu, mais j'avouë que je n'y ai trouvé aucune des choses, que vous m'aviés fait esperer : comme par exemple, la demonstration par laquelle vous dites dans votre Letre avoir refuté plusieurs cas pareils à celui de M. Herman, non plus que cet exemple, *tout pareil* à celui qui se trouve à la pag. 438. des Inst. *pour ne pas dire le*

pag. 55 lig. 6. 7 8. & 9.

pag. 24

pag. 34 lig 5. & 6.

même ; enfin je l'ai *relu*, *fans fentir le foible de* mes *preuves*, ni la force des vôtres, & je n'ai remporté d'autre fruit de cette nouvelle lecture, que de me convaincre, de plus en plus, que je ne le lirai jamais *bien*, quand j'y paſſerois toute ma vie ; vous fentés bien que la feule confolation qui me reſte après celà, c'eſt d'efperer que vous ne me ferés pas du moins le même reproche fur votre Letre.

En lifant cette Letre, je vois que vous dites aux pag. 49. & 50. que les adverſaires des forces vives ont cherché à *invalider* les experiences tirées des *enfoncemens faits dans l'argile*, par lefquelles on les prouve; quoique cependant vous m'ayés fait l'honneur de me dire aux pages 39. & 40. de votre même Letre *que vous ignorés qui font ceux qui rejettent ces experiences.* Mais aparament que vous l'avés apris depuis.

Vous ajoutés enfuite, *que vous les avés adoptées en preuve de votre sentiment*, ce qui s'apelle aſſurement faire argent de tout, fans s'enrichir.

pag. 42 Vous me demandés ici , Monſieur , pour lequel des deux partis je crois que ſe trouve , *la preſomption?* je vous avouë que je ne m'étois point fait encore cette queſtion, & qu'ainſi vous me prenés au dépourvu pour y répondre ; mais afin de ne point entrer dans une diſcuſſion qui aſſurément ſeroit longue , je vous dirai que ſi je croyois qu'il n'y eut que des preſomptions dans cette diſpute , je vous abandonerois volontiers cet avantage ; ainſi nous ſerions bientoſt d'acord , mais il ſemble que l'autorité *bien ou mal evaluée* ne fait rien dans pag. 42
lig. 20.
pag. 43 une queſtion , qui eſt devenuë toute *Matematique.*

pag. 44 Je crois donc que ſi vous vous doniés la peine de faire ce Livre *ſur les prejugés legitimes,* que vous croyés qui ſeroit ſi *utile* à cette matiere , on le liroit avec plaiſir, come tout ce qui ſort de votre plume , car c'eſt là aſſurément *un préjugé bien legitime* ; mais je doute qu'on en pût eſperer d'autre fruit.

pag. 44
lig. 16.
& 17. Quand j'ai cité dans mon Livre , Mrs. Herman , & Bernouilli , ce n'a point été pour en impoſer par des noms ſi celebres,

mais afin que le Lecteur put voir leurs preuves dans leurs Ouvrages même.

Quant à ce que vous apelés , *des fources*
d'illufion plus delicates, quand je faurai ce que
vous entendés par là , je tacherai d'y repondre.
pag. 44
lig. 20
& 21.

Vous qui vous revoltés tant contre l'aü-
torité , il me femble que vous apuiés beau-
coup ici fur celle de M. Newton , qui
croyoit la force des corps proportionelle à
leur fimple vitefle ; mais come il n'en parle
que dans les queftions qui font à la fin
de fon optique, & que nous n'avons aucun
ouvrage de lui , qui nous faffe voir qu'il
ait difcuté les preuves, que l'on aporte
en faveur des forces vives, on peut peut-
être *raifonablement douter* de quelle opinion M. Newton auroit été s'il les avoit
difcutées , car il étoit affés grand home
pour embraffer une opinion dont M. de
Leibnits étoit l'Auteur, s'il l'avoit jugée
veritable.
pag. 45
pag. 15
lig. der-
niere.

Tout eft dit felon vous , Monfieur , où
pag. 42
l. dern.

le doit être , fur cette matiere , mais tout
ne l'étoit pas en 1728. , & fi vous n'aviés
pas doné votre memoire , on n'auroit jamais
fu que la force d'un corps doit être eftimée
parce qu'il ne fait pas.

pag. 45 Je ne fais s'il y a des chofes *nouvelles*
dans mon Livre, fur cette matiere, & ce n'eft
pas à moi d'en juger ; mais je me flate ,
du moins, d'y avoir *démontré* , que votre
façon d'eftimer la force des corps , n'a pas
l'avantage de la *verité* , & je ne cherche
point à vous difputer celui de la *nouveauté*.

Je fuis enfin de votre avis Monfieur
& j'aurois été bien fachée que cette Letre
fe fut terminée fans cela , je crois come
pag. 46 vous , que l'on auroit grand tort de fe per-
fuader que cette queftion fur la maniere
d'eftimer la force des corps n'eft qu'une
queftion de nom ; & ceux qui fe retireroient
pag. 47
lig. 17. dans cet *afyle* meriteroient affurément d'en
être tirés pour effuier toutes les queftions
qui fe trouvent aux pag. 47. & 48. de votre Letre ; j'efpere donc que vous ne vous re-
pentirés point de la juftice que vous voulés bien rendre à mon difcernement, en me
pag. 47 croyant affés *éclairée* , pour voir que de

donner 100. degrés de force à un corps, ce   lig. 7.
n'eſt pas la même choſe que de lui en do-   & ſuiv.
ner 10.

    Enfin je ſuis encore perſuadée avec vous,
qu'il y a quelqu'un *ici* qui a tort, mais je   pag. 50
ſuis bien ſure du moins de n'avoir pas celui   lig. 12.
de ne pas ſentir tout votre merite , je ſuis,
&c.

A BRUXELLES, ce 26. Mars 1741.

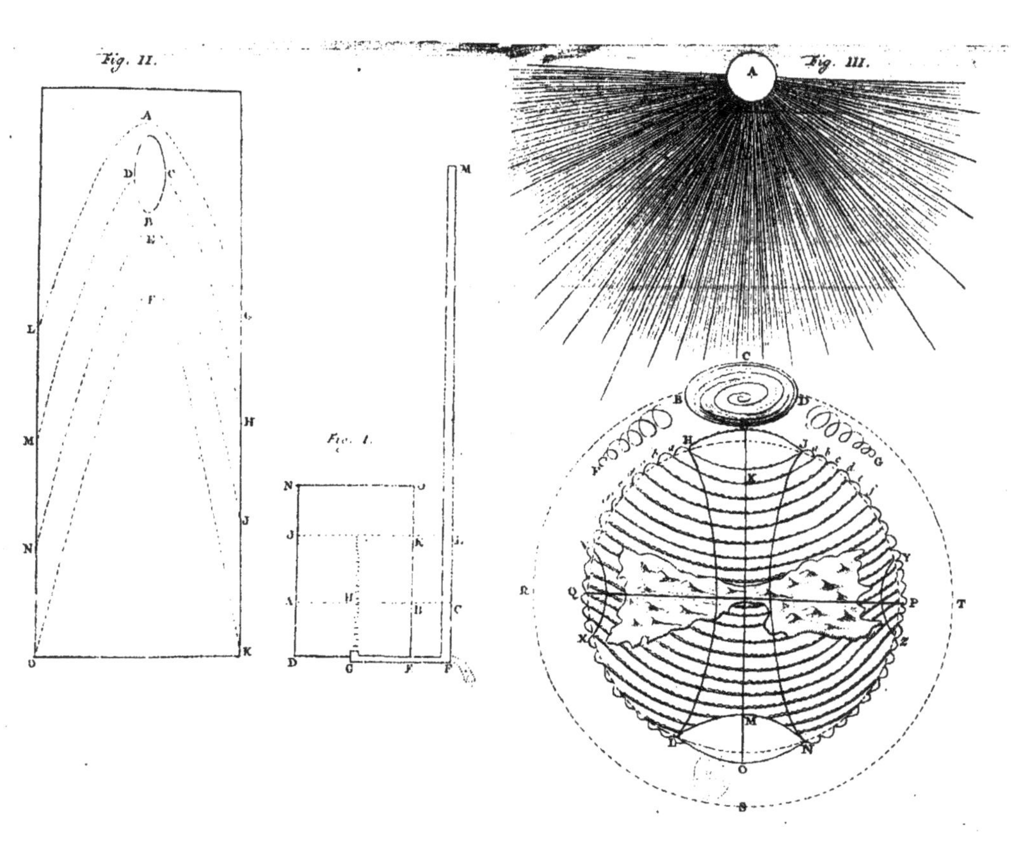

Fig. II.
Fig. I.
Fig. III.
A

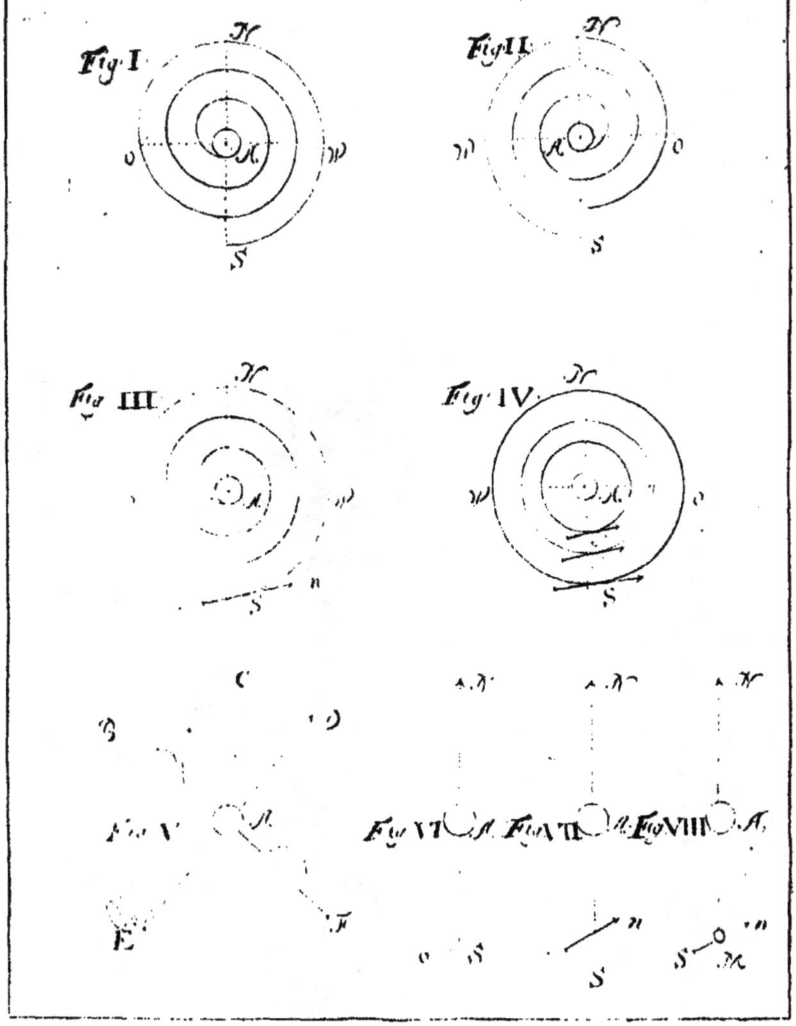

Fig. I

Fig. II

Fig. III

Fig. IV

Fig. V

Fig. VI

Fig. VII

Fig. VIII